行家宝鉴

Precious Appreciation

寿山石之田黄

王一帆 著

海峡出版发行集团 | 福建美术出版社
THE STRAITS PUBLISHING & DISTRIBUTING GROUP | FUJIAN FINE ARTS PUBLISHING HOUSE

图书在版编目（CIP）数据

寿山石之田黄 / 王一帆著 . -- 福州 : 福建美术出版社 , 2015.1

（行家宝鉴）

ISBN 978-7-5393-3294-9

Ⅰ . ①寿… Ⅱ . ①王… Ⅲ . ①寿山石 – 鉴赏②寿山石 – 收藏

Ⅳ . ① TS933.21 ② G894

中国版本图书馆 CIP 数据核字 (2015) 第 008179 号

作　　者：王一帆

责任编辑：郑婧

寿山石之田黄

出版发行：海峡出版发行集团

　　　　　福建美术出版社

社　　址：福州市东水路 76 号 16 层

邮　　编：350001

网　　址：http://www.fjmscbs.com

服务热线：0591-87620820（发行部）　87533718（总编办）

经　　销：福建新华发行集团有限责任公司

印　　刷：福州万紫千红彩色印刷有限公司

开　　本：787 毫米 ×1092 毫米　　1/16

印　　张：7

版　　次：2015 年 8 月第 1 版第 1 次印刷

书　　号：ISBN 978-7-5393-3294-9

定　　价：68.00 元

编者的话

　　这是一套有趣的丛书。翻开书，丰富的专业知识让您即刻爱上收藏；寥寥数语，让您顿悟收藏诀窍。那些收藏行业不能说的秘密，尽在于此。

　　我国自古以来便钟爱收藏，上至达官显贵，下至平民百姓，在衣食无忧之余，皆将收藏当作怡情养性之趣。娇艳欲滴的翡翠、精工细作的木雕、天生丽质的寿山石、晶莹奇巧的琥珀、神圣高洁的佛珠……这些藏品无一不包含着博大精深的文化，值得我们去了解、探寻和研究。

　　本丛书是一套为广大藏友精心策划与编辑的普及类收藏读物，除了各种收藏门类的基础知识，更有您所关心的市场状况、价值评估、藏品分类与鉴别以及买卖投资的实战经验等内容。

　　喜爱收藏的您也许还在为藏品的真伪忐忑不安，为藏品的价值暗自揣测；又或许您想要更多地了解收藏的历史渊源，探秘收藏的趣闻轶事，希望这套书能够给您满意的答案。

Precious Appreciation

行家宝鉴

寿山石之田黄

目录

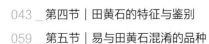

寿山石选购指南

　　寿山石的品种琳琅满目，大约有一百多种，石之名称也丰富多彩，有的以产地命名，有的以坑洞命名，也有的按石质、色相命名。依传统习惯，一般将寿山石分为田坑、水坑、山坑三大类。

　　寿山石品类多，各时期产石亦有所不同，对于其品种之鉴别，须极有细心与耐心，而且要长期多观察与积累经验。广博其见闻，比较分析其肌理、石性等特质。比如，同样石白色透明石中，含红色点，称之"桃花冻"，而它又有水坑与山坑之别，其红点之色泽、粗细、疏密与石性之变化又各有不同，极其微妙。恰恰是这种微妙给人带来乐趣，让众多爱石者痴迷。

　　正因为寿山石品类多，变化大，所以石种品类的优劣悬殊也大，其价值也有天壤之别。因此对于品种及石质之辨别极为重要。

石　性	质　地	色　彩	奇　特	品　相
识别寿山石的优劣、价值，不外石性、质地、色泽、品相、奇特等方面。有人说，寿山石像红酒，也讲出产年份。一般来讲，老坑石石性稳定，即使不保养，它也不会像新性石因水分蒸发而发干并出现格裂的现象，所以老性石的价格比新性石高。	细腻温嫩、通灵少格、纯净有光泽者为上。	以鲜艳夺目、华丽动人者为上，单色的以纯净为佳。	纹理天然多变，以奇异为妙。	石材厚度宜适中，切忌太厚，以少格裂为好。

　　当然，每个人在收集、购买寿山石时，都会带有自己的想法和选择：有的单纯是为了观赏，有的是为了保值增值而做的投资，有的甚至只为了满足猎奇的心理，或者兼而有之，各人都有自己的道理。但购买时要懂得一些寿山石的常识，不要人云亦云，也不要跟风或者贪图小便宜，世上没有无缘无故的便宜货，天上不会掉下馅饼，卖家总是心知肚明，买家需要的则是眼力。如果什么都不懂就胡乱购买一通，那就可能如人说的"一买就受伤，当个冤大头"。

　　寿山石是不可再生资源，随着时间的推移，一定会越来越珍贵。所以每个爱石者若以自己个人的爱好和经济能力收藏寿山石，一定是件愉悦的事，既可以带来美的享受，又能有只升不跌的受益，何乐而不为呢！

群螭献瑞浮雕随形章 · 郭祥雄 作

田黄石　287.6 克

群螭献瑞浮雕随形章·背面

群螭献瑞浮雕随形章·侧面

正面　　　　　　　　　　反面

观太极薄意日字章 · 林金元 作

黄金黄田黄石　30 克

此作采用了田黄石独有的薄意"留皮法"进行创作，画面层次分明。

螭钮方章 · 郭祥雄 作
黄金黄田黄石　36 克

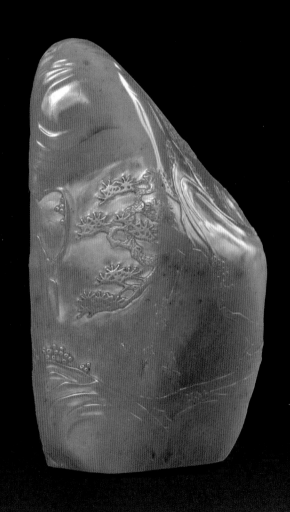

抱琴访友薄意随形章 · 王雷霆 作
田黄石　213克

仕女薄意章 · 林清卿 作
田黄石

仕女薄意章 · 拓片

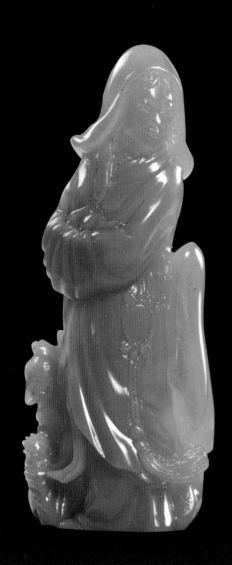

春韵 · 逸凡 作
田黄石　50克

鼋鼇蛟龙 · 郭祥雄 作
田黄石 120 克

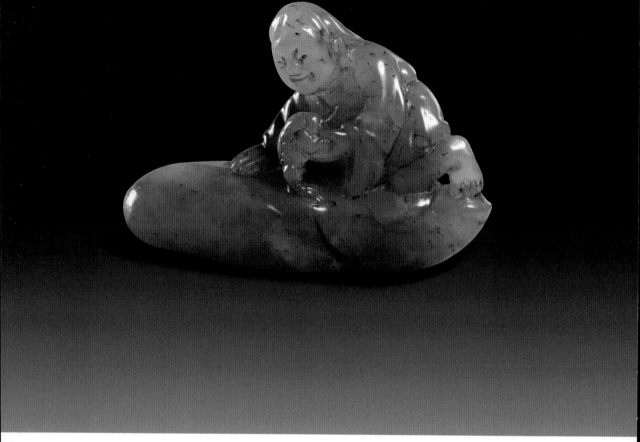

刘海戏蟾 · 逸凡 作
田黄石　12.5 克

野塘牛涉水薄意随形章·石卿 作

田黄石　165.7 克

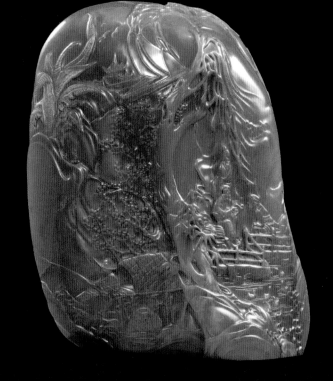

老妪问诗薄意随形章 · 石秀 作

田黄石　538 克

渔归乐薄意随形章 · 郑世斌 作

乌鸦皮田黄石　90.6 克

乌鸦皮田黄石经薄意雕刻后，画面宛如水墨画。

骑兽罗汉钮方章·旧工
田黄冻石　67.6克

第一节

田黄石的产地和生成

在历史文化名城福州北郊三十多公里的重峦复嶂中，有一个名叫寿山的小小山村。举目四眺，或新或旧的农舍散落在山间的小盆地里，四周的山头上树木稀少，村民说，这里的土地贫瘠，种田收入十分微薄，好在因为出产不可再生的资源——美丽的寿山宝石，所以很早就闻名中外了。古今多少文人墨客争相上山寻宝探奇，留下了许多瑰丽的诗篇。

寿山石以产地、矿洞、石质与色相命名，分田坑、水坑、山坑三大类，计有一百多个品种。

田黄石的产地

　　田坑石中的田黄石最为稀罕珍贵，名扬中外。知道寿山石的人，了解田黄石不足为奇；许多人不知道寿山石，却知道田黄石，或者听说过田黄石，有人甚至认为寿山石就是田黄石。在田坑石中还有牛蛋石、溪坂独石等。

　　寿山村有两条涓涓溪流，一条是坑头溪，另一条是大段溪。坑头溪从寿山村高山之麓的坑头占流出，大段溪从高山西侧流下，它们在上坂大段处汇合再缓缓流下，又与源自旗山的大洋溪交汇，犹如一条玉带，绕过寿山村，经过碓下流至下竹弄。这里地势突变，深谷断层，落差很大，形成了壮观的瀑布飞流直下。溪水流过下底坪的乱石滩，流过一排排巨石对峙的结门磹后，进入连江县地界。

　　这条从坑头占至结门磹、全长约 8 公里的溪，名曰"寿山溪"。当地村民亲切地称它为"宝石溪"。珍贵的田黄石以及牛蛋石、溪坂独石等就埋藏在这溪水之下，产区不足一平方公里，被称为"田坑"。龚礼逸先生在其编纂的《寿山石谱》中，将田黄石产地分为上坂、中坂、下坂、碓下坂四个坂段：坑头溪与大段溪交汇处为上坂，大段溪至大洋溪为中坂，大洋溪至碓下为下坂，碓下以下为碓下坂。

村民在坑头占建"石王亭"以作纪念

改革开放以后，挖掘田黄石范围向下游延伸，所以现在石农将原来的中、下坂合称为中坂，将碓下至结门礤划为下坂。结门礤以下少出田黄石——大自然就是如此神奇，结门礤还真把田黄石"关"住了。令人称奇的是，同样源于高山的坑头溪与大段溪，只有坑头溪流域出产田黄石，大段溪和大洋溪从来都没有挖掘到田黄石。自古村里就流传着"只有吃到坑头水才有田黄石，吃不到坑头水就没田黄石"的说法。田黄石是流入溪涧的高山石或坑头石演变而成的，这说明了田黄石与高山的特殊关系，所以，坑头占被村民尊为"风水宝穴"。这里曾建有"石王亭"，可惜几年前被山洪冲毁了。

传统上人们都认为中坂田最好，上坂次之，下坂再次之。因为中坂就在青山村中部，旧时挖得比较多，挖到好田黄石，石农都说是中坂田，久而久之中坂田的名声就大起来了。近年，中、上坂的产量愈来愈少，石农向碓下游寻找，发现该段所出之石以田黄冻石居多，格纹少，色泽艳丽——这是因为田黄石的坯胎在溪中滚动得愈远，陶冶与磨炼也愈多，格纹与杂质自然愈少，质地与色泽亦愈加精美。

石农说："上坂田黄石色淡，棱角常见；中坂田黄石色黄，挂皮明显；下坂田黄石质好，挂皮偏稀薄。"而当今收藏家和鉴赏家认为，田黄石本身的质地、色相与形状最重要，"英雄不问出处"，所以如今对坂段的概念已经淡薄了。

田黄石的生成

　　数千万年前的中生代，寿山村一带曾发生过剧烈的地壳运动，火山爆发，大量岩浆从火山口喷发而出，随之带来大量的酸性气体、液体，将周围岩层中含有的钾、镁和铁等元素分化，而留下较为稳定的铝、硅等元素，然后重新冷却结晶成矿，于是这些以地开石或叶腊石为主要成分的宝石就散落在了寿山村周边的群山峻岭中。因为地壳不断运动和自然风化，源于寿山溪上方高山矿脉的部分矿石滚入溪涧，长期经受溪水的溶蚀冲刷，经过翻滚的自然雕凿，棱角磨圆了，杂质洗净了，就形成了卵形的田黄石坯胎。又被地表的虚土堆积掩埋在溪谷沙石泥土之下，受酸性土壤的侵蚀、水分和地温的浸润以及内外应力的影响，大自然神奇造化的尤物——质地温润、色泽瑰丽的田黄石便形成了。

　　田黄石的色相虽深浅不同，但都带有"黄"味。黄色是田黄石共有的色泽。其赋色原因，是石头本身所含的一种叫辉锑的氧化物，在水田底环境中，在地下水的作用下，与氧化铁起作用，使田黄石色泽外浓而向内渐淡，并产生了萝卜丝纹、红格纹等特征，田黄表面还披上了石皮外衣。

牛转乾坤 · 逸凡 作
田黄石　32.5 克

　　田黄石之所以与其它坑石不同，水是最重要的因素。田黄石经历了"山、水、田"三个漫长而复杂的生长过程。田黄石原生石由于山洪冲泻，被带到溪流两旁地带，洪水的几经改道使这里的地域形成了堆积层地质构造的沼泽，后来被辟为水田，于是田黄石就这样被埋在田地之下。近年随着科学技术的发展，地质工作者检测出高山石和田黄石主要矿物成分是地开石，推翻了以往将寿山石与叶腊石等同的论点。根据这一新发现，一些机构用仪器分析，简单地依据地开石成分来判定田黄石，结果高山石也成了田黄石，闹出不少笑话。

　　田黄石源于山，浸于水，又埋于土，长期经历地壳运动和水土的溶蚀以及内外应力的作用，最终生成特殊的品质和特点。新疆和田玉龙河中的"仔玉"及翡翠中的"仔石料"也都有这样一个演变过程，所以它们的品质都远远高于原生石。

第二节

田黄石的开采

　　早年，石农多在水稻收割之后的农闲季节挖掘田黄石。如今石农已不分季节，无论雨晴，男女老幼齐上阵，挖石不止。有的石农甚至不顾自己房屋倒塌的危险，把宅地基都挖遍了，连碎块田黄仔也搜刮无遗。现在要寻见田黄的踪影已难矣。田黄石资源濒临枯竭，绝不是危言耸听。

　　田黄石"无根而璞，无脉可寻"，挖掘带有很大的盲目性。有经验的石农会根据沙土的层次和土壤的颜色决定挖掘的深度，经验告诉他们田黄石多埋藏在二、三米深的第三层沙土中，表层和中层的土壤中少见。挖掘时不仅工作量大，而且不知是否会有收获，所以多是几家石农合股作业，边挖土，边抽地下水，挖出的泥土要用畚箕筛过，犹如淘金，真是"粒粒皆辛苦"。石农常说："挖田黄石三分靠人，七分靠天。"挖到一颗田黄石，完全是偶然，而石农笃信得到大田黄石者都有神灵梦兆，所以寿山人得梦必先猜测是否与田黄石有关。"千牛马价女儿金"是寿山人解梦的俚语。梦牛马者，所得之田黄石与牛马同价；梦美女者，所得之田黄石价值连城。石农挖掘到大田黄石总认为是上天的恩赐，要上供祭神谢天地。石农说，田黄石与其他坑石不一样——掘得田黄石时即使外表有砂土，用手一搓砂土就掉尽了，而如挖掘到的是牛蛋石或独石，即使用水洗了还会附着——天生"圣洁"的田黄石总给人无限的神奇与惊喜。

石农在干涸的水田地挖掘田黄石的场景

　　小小的田黄石产区，历史上开采规模都很小，20世纪30年代曾经热闹过一番，开采出许多田黄石。近二十年来开采规模最大，所投入的人力、物力、财力、挖掘的深度和广度可谓空前，然而令石农遗憾的是，挖掘时往往发现这里已被前人挖过了。显然田黄石愈来愈少了。为了保护有限资源，地方政府在中坂围了二亩地作为田黄石的保护区，禁止任何人采挖，把数量有限、不可再生的宝贵资源留给子孙后代。

　　2005年"龙王"台风带来特大暴雨，山洪突发，巨石翻滚，溪流改道，冲毁房舍、道路无数，然而"龙王"却带来新的田黄石讯息：寿山溪的支流中有一座巴掌岩，岩下有芙蓉村，台风后村民在村前的溪流中发现了不少小田黄石，最大者重达200克。这些田黄石是从哪里来的呢？可能是上游溪流与巨岩底下，尤其是埋藏在深潭底下无法开采的田黄石，被迅猛的"龙王"山洪冲刷出来顺流而下，故有所得。由此还可以推想，数千万年来，如"龙王"甚至超过数倍的狂风暴雨不计其数，沧海桑田，地貌变迁，后人还可能会发现新的田黄石宝藏。

第三节

田黄石的品类

田黄石家族一般按产地、色泽、石皮或质地命名。

按产地可分为：

上坂、中坂、下坂田黄石。

按色泽可分为：

黄田、白田、红田（俗称橘皮红田黄石）、黑田、灰田、绿田等，以黄田居多。黄田又因色泽的深浅不同，质地通灵度不一，分为黄金黄、枇杷黄、橘皮黄、蜜黄、鸡油黄、桂花黄、熟栗黄、肥皂黄、桐油黄等。在田黄石中偶有一种红、黄、白、青等色相间的，皮、萝卜丝纹俱全，惹人喜爱，俗称"花田石"，十分罕见，又有"五彩田黄石"之美名。

绿田石

白田原石

黑田原石

绿田原石

灰田原石

节节高 · 林训平 作
乌鸦皮红田石

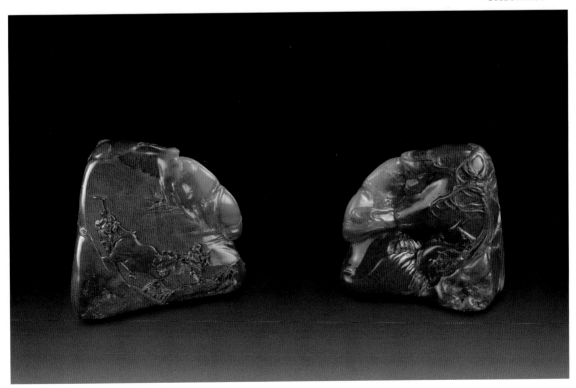

牧牛图 · 刘丹明（石丹）作
乌鸦皮红田石

弥勒·叶子贤 作
红田　189克

松鼠葡萄 · 逸凡 作
黑田石　46.3 克

按石挂皮颜色不同可分为：

黄金皮田黄石、银裹金田黄石、乌鸦皮田黄石、
蛤蟆皮田黄石等。

金裹银田黄原石 65 克

外层是黄色石皮，肌理是白
色的田黄石称作"金裹银田黄石"。

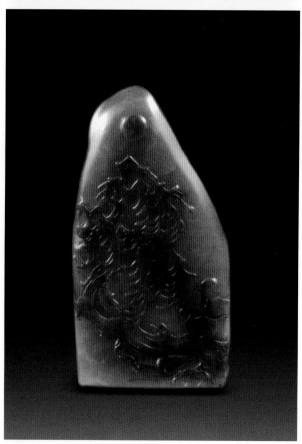

春江水暖薄意随形章·徐仁魁 作
乌鸦皮田黄石 29.3 克

外层是黑色石皮，肌理是黄
色的田黄石称作"乌鸦皮田黄石"。

寿仙·王孝前 作
银裹金田黄石 28 克

　　外层是白色石皮，肌里是黄色的田黄石称作"银裹金田黄石"。

独钓寒江雪·郑世斌 作
乌鸦皮银裹金田黄石 85 克

　　同时带有黑白或黑黄双色石皮的田黄石称作"双层皮田黄石"，带黑白石皮的
又称作"乌鸦皮银裹金田黄石"。

　　它的成因是先在沙滩上形成白皮，后被水流冲刷滚落至淤泥中经长年掩埋，因
此又挂上了黑色石皮。

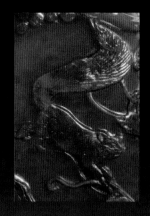

淡淡、细密的黑点所形成的
"蛤蟆皮"

松鼠葡萄
蛤蟆皮田黄石　94.3 克

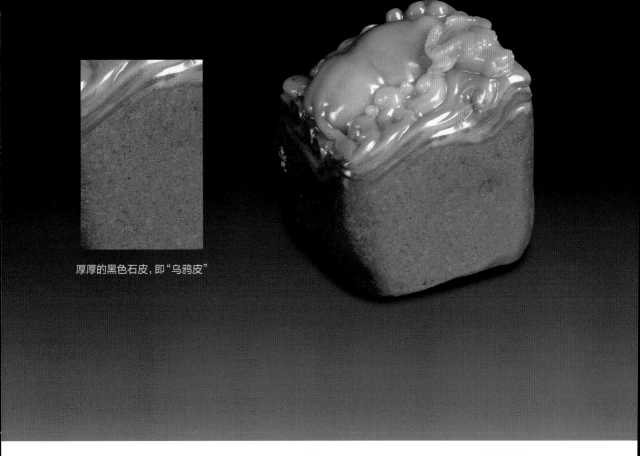

厚厚的黑色石皮，即"乌鸦皮"

神牛戏水

乌鸦皮田黄石　逸凡作

"蛤蟆皮"与"乌鸦皮"：

　　乌鸦皮是全黑的石皮，色层较厚；蛤蟆皮则如蛤蟆之肚皮，由淡淡的黑点组成，有浓淡之分。

山居即景薄意随形章 · 六德 作

黄皮田黄石　35 克

　　此作石皮较厚，应是出产于寿山溪边黄土中之田黄。一些田黄石被流水冲至寿山溪边，埋于黄土之中，因黄土中酸性物质的长期作用就形成了黄色之石皮。

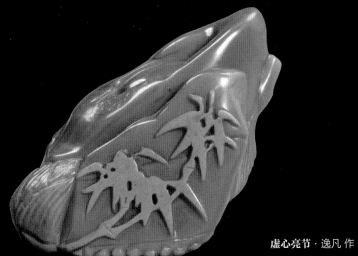

虚心亮节 · 逸凡 作

硬田石　44 克

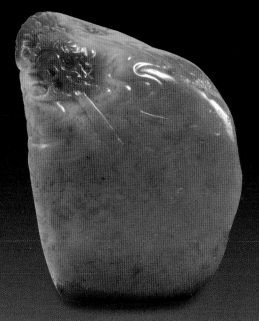

西秦渭河水 · 逸凡作

硬田石

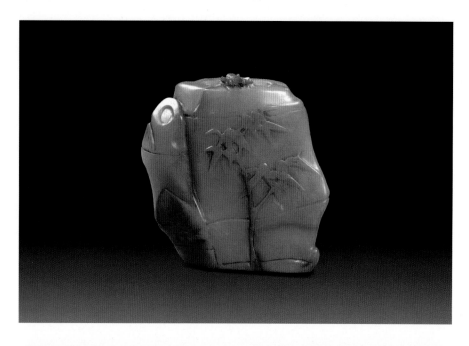

知足
硬田石　25 克

君子节·逸凡 作
田黄冻石　24.5 克

硬田石与田黄冻石：

硬田石不通透，色泽较暗，质地细、结，但稍欠了温润感。

田黄冻石质地通透，非常凝腻、温润。

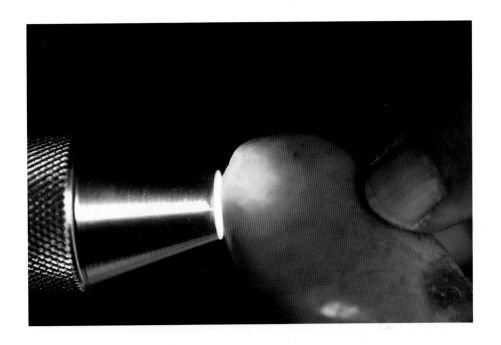

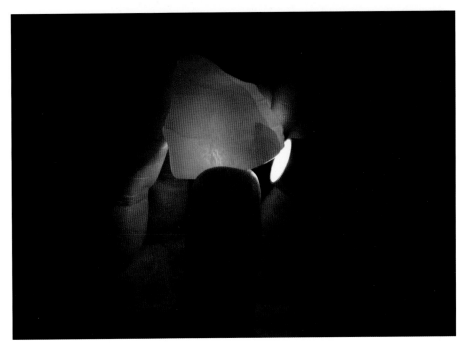

硬田石与田黄冻石的灯照效果对比：

在同样的灯照下，硬田石通透感差，田黄冻石却十分通透，石中的丝纹与红筋均清晰可见。

背山田原田

背山田石：

　　近年石农在寿山溪边的山麓挖到一些田黄石，因为产地背靠着山，故称"背山田"。此石出处地势较高，周围水分不够充沛，故石质稍欠温润，所以能否称之为田黄石，业内颇有争议。笔者以为应视个体而言，质地细腻微透明且有萝卜丝纹者当属田黄石，否则称田黄石就有点牵强附会。

寺坪田与煨红田

寺坪田:

寿山原有一座唐朝光启年建的"广应寺",明代洪武和崇祯年间曾二次被火烧毁。寺中僧人藏的田黄石经火炙后埋于地下,日久月深,又受土壤、水分侵蚀,地气滋润,虽经火烤而不燥,形成外表色赭黑、内部红赭色、古貌盎然的形态,人称"寺坪田石"。

煨红田:

石农将色泽或质地不够好的田黄石,以人工方法用火煨烧,煨烧后田黄石称为"煨红田黄石",此种石表面呈红橙色,通常有赭色格纹深入石内,里层仍多为黄色。石性偏坚、燥,温润感稍欠。还有一种煨红田为零星埋藏在沿溪、水田中的田黄石,被石农在焚烧谷草时,不经意间"煨红"。煨红石中只有田黄石根据其出处,被分为寺坪田或煨红田石。其它坑石被煨红的就统称煨红石。煨红石人为的煨烤改变石材原来的色泽而成,多外层黑而内心红。煨烤的时间、火候和埋藏的环境以及时间等诸因素,决定了煨红石的色泽、外表黑色层的厚薄、石质的坚燥、龟裂黑纹的密疏以及石性的滋润程度。

刘海
寺坪田石

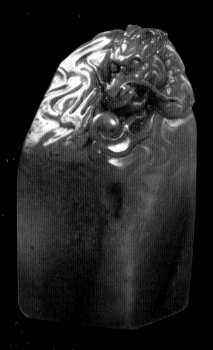

云龙
寺坪田 31 克

弥勒 · 叶子贤 作
寺坪红田

第四节

田黄石的特征与鉴别

　　了解了田黄石的生长过程，便可知其特征多在后期所处的环境中形成，其它坑石与外省石没有经过山、水、田"三昧真火"的磨练，不可能具有同样的特征。掌握了这个原理，我们鉴辨时可以从以下几个方面入手：

　　由表及里，先从外观看，接着依次看形状、色泽、石皮、萝卜丝纹、红筋格，再观察质地、抚摸手感等，多方面综合加以分析鉴辨。

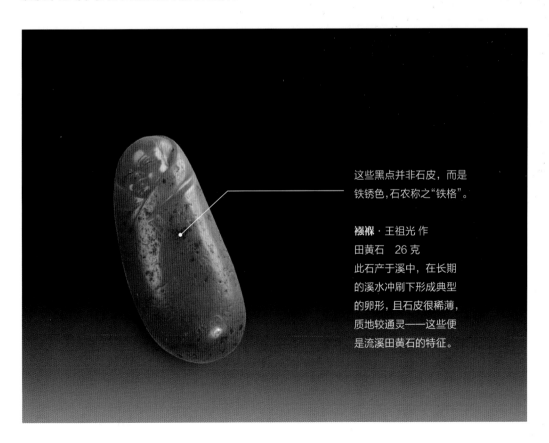

这些黑点并非石皮，而是铁锈色，石农称之"铁格"。

襁褓·王祖光 作
田黄石　26 克
此石产于溪中，在长期的溪水冲刷下形成典型的卵形，且石皮很稀薄，质地较通灵——这些便是流溪田黄石的特征。

田黄原石　85克

形状：

　　田黄石因长年受溪流冲刷、滚动，多呈卵状。即使用薄意或圆雕等手法进行雕刻也多保留原石的形状。寿山溪源头一带所挖掘的田黄石，因为在水中翻滚的距离较短而多棱角。因地壳运动而断裂的田黄石也有棱角，石农曾挖得一块棱角分明的田黄石，又在附近仔细寻找，果然又挖出了两块游离的分体，分别雕饰薄意后拼在一起是一颗卵形的大田黄石，甚为有趣。故石农说："田黄石是活的，会跑。"方形的田黄石是人为切成的，多为传世旧物，十分难得。清代皇族与达官贵人不仅宠爱田黄石，而且追求大方章与镇纸等，蔚然成风，今天的人们也因此才有一睹稀世旧品的眼福。

萝卜丝纹：

田黄石肌理隐现丝纹，因与削去外皮的萝卜表面编织如网的细小丝纹相似，故称为萝卜丝纹。但田黄石肌理的纹理比萝卜丝更细更密更隐化，且疏密罗列相当有致。一颗田黄石中，萝卜丝纹分布或密或疏，或多或少。丝纹以弯曲、细密、均匀为佳。人们鉴辨田黄石时通常以萝卜丝纹为重要依据之一。有萝卜丝纹便有可能是田黄石，然而十分珍稀的田黄冻石质地通灵，因而萝卜丝纹不明显，甚至看不到丝纹，这就要从质地、手感等其它方面加以辨识。如果因没有丝纹而断错了田黄冻石，那就会因为犯"教条主义"错误而与宝物失之交臂。

萝卜丝纹隐存在田黄石的体内，无法造假。荔枝洞石与部分高山石也时有丝纹。以此类石染色、药煮造假的田黄石丝纹较粗，不够细密，且人为染色或药煮总有火气，仔细识别不难区分。近年有人以有丝纹的寿山石煮色，再以化学药剂侵蚀成石皮，雕饰浮雕或薄意，署早年名家的大名，配以生动的故事，其形制多较大，常见于北京。此种赝品色偏红、火气较重，皮质较松，黄色中会泛绿味，应仔细观察辨别。现在市场中还有人以量大价廉的外省糙石造假，糙石质地较松，染色能渗入石中，肌理会有深纹，用以混淆萝卜丝纹。此法所制的假田黄石方章旧品，印钮与印底的刻工都很讲究，鱼目混珠，常见于上海。若将其石置眼前平视观察，会发现表面有凹凸感，不似田黄石之平滑且有灵动之光。若用放大镜观察，还会看到石中有短小的黑针。

在一次全国性田黄石论证会上，有专家问："田黄石的萝卜丝纹是埋在地下时生成的吗？"田黄石的石皮与红筋格可以说是后期生成的，难道体内的丝纹也是后期生成的吗？这个问题也许可以这样理解：原生

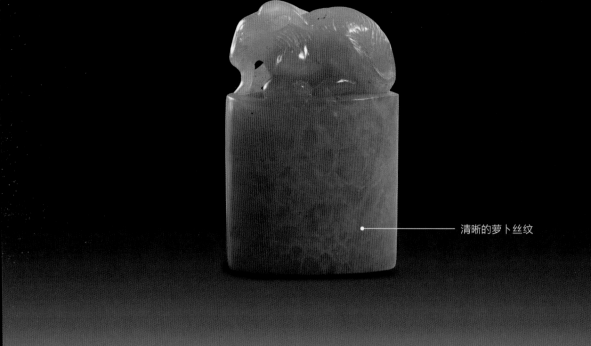

清晰的萝卜丝纹

羊钮椭圆章
21.8 克

态寿山石的体内或多或少也有丝纹，肉眼能否发现取决于石体的通透度和石体与丝纹的色差大小，丝纹不透明，石体的透明度较强与丝纹的色差较大者，丝纹就显而易见，否则就难以看见。为什么白田的萝卜丝纹往往最容易看到就是这个道理。田黄石坯胎在次生成长过程中透明度增强，色泽变浓，与纹理的色差增大，丝纹就变得清晰可辨。以掘性高山石为例，它剥离母矿后埋在附近的泥土中，久而久之透明度增强，其丝纹就比母体高山石明显了许多，所以认为田黄石的丝纹是后期生成的观点并没有错，确切地说应是田黄石的坯胎内原本就有丝纹，在次生成的漫长岁月中，经受风化、搬运和剥蚀，这种丝纹变得明显了，而成为田黄石的特征之一。

古人说："田黄石是璞，不论黄、白、红、黑，皆由外结气，既璞也。气迫于外文成于中，故成萝卜丝。"此话有一定道理。

煮熟刮掉皮的萝卜丝纹明显

清晰的萝卜丝纹

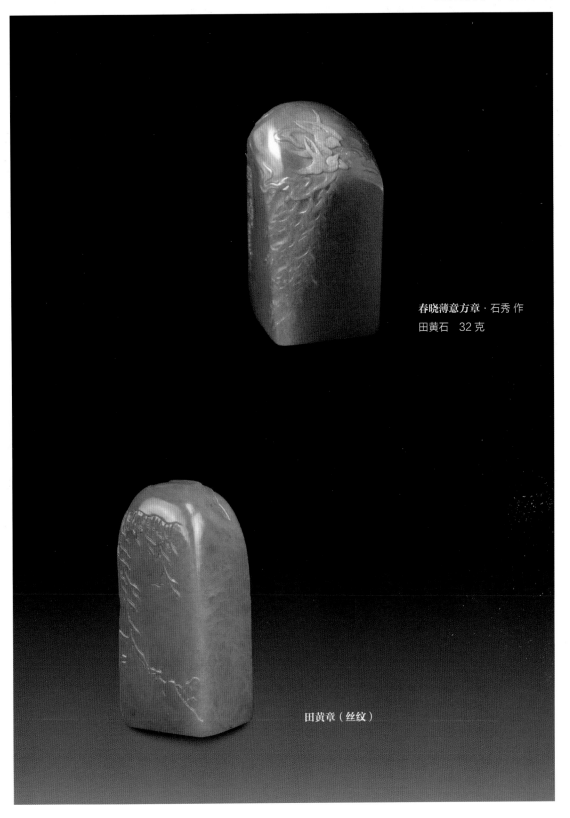

春晓薄意方章·石秀 作

田黄石　32 克

田黄章（丝纹）

红筋：

寿山石常有筋格，有人将其称之为"生命线"，有了生命线的寿山石才是活的，才会生长变化。寿山石在矿藏中受地壳运动影响，出现裂纹，含铁杂质随水渗入充填结实，形成深色线纹，俗称"筋格"或"色格"，新出现的裂纹称之"裂格"或"白格"。田黄石的格纹是红色的，称"红筋"，有人将其喻为田黄石的"血管"。这是由于田地下水中的铁质元素渗入格纹将其填实所致，红筋之走向十分清晰、艳目，其它石材罕见同样的红筋。前人有"无格不成田"的生意话，田黄石无筋无格当然最好，但天生的资源不可能因为人的意愿所改变。红筋格的存在也就成为田黄石的特征之一。人工染色的红筋，用放大镜观察呈赭红色线，有火气且边缘有"毛刺"感，易于识别。

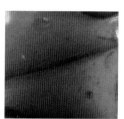

红筋

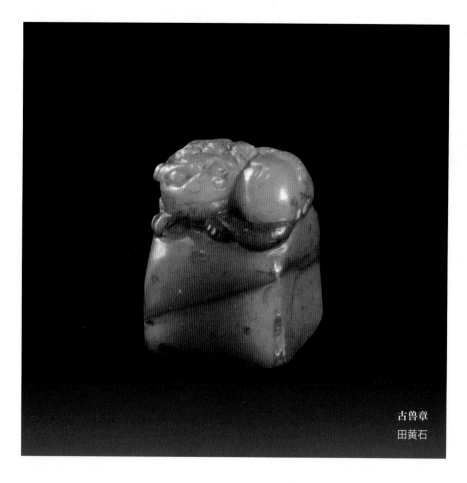

古兽章
田黄石

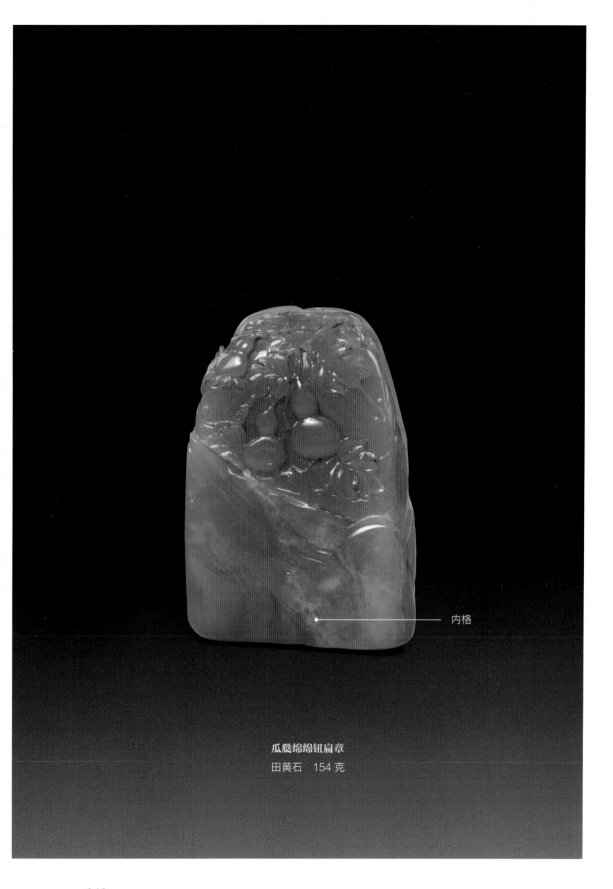

内格

瓜瓞绵绵钮扁章
田黄石　154 克

质地和手感

中国传统讲究"璧以无瑕见宝，珠以有光为容"。章鸿钊在《石雅》中说"首德次符"，用现代的语言解释，"德"指石质，"符"指色泽。色泽排在第二位，这跟玉石首先讲究种头，以冰种玻璃地为最的道理是一样的。田黄石质地温润细腻，富有灵性。古人称田黄石质地有"六德"，即细、结、润、腻、温、凝。六德俱备者，是田黄石之上品。"温润"是形容田黄石的特定用词，却令不少人费解，地质学者更有异议："润"可说而"温"何解，难道田黄石有温度不成？其实"温润"是一种感觉，用语言很难解释，只能意会。田黄石多呈黄色，黄色中性温和，美而不艳，是中国传统欣赏心理所喜闻乐见的色泽，也是帝制皇族专用的色泽，象征富贵，被誉为中华国色；"温"即中和，可以理解为老与熟的意思，饱经磨砺的田黄石无论质地和色泽都比其它坑石更为老道成熟、凝腻沉稳。笔者的一位朋友说，握田黄石不久手心会出微汗，有一股暖流沿手臂而上，浑身舒畅，而握其它坑石则无此感觉。田黄石易于传热，抚玩后传至第二者手中往往觉得被玩热了，便有"温"的感觉。此乃人石相融，石得人气而温矣。再则，成语"温文尔雅"，说的是气质，此"温"亦与温度无关。同理，人称田黄石"温润"是评价田黄石的品质，恰如其分地道出了田黄石的特殊品质。古人赞美石皆赞石之质地，何以不言皮、丝纹？重内质而轻表象也。

任何坑物若过于光滑或粘手，抚坑起来便索然无味，田黄石不冰不清，以大拇指轻抚石表，如抚摸婴儿细嫩之肌肤，稍稍有些粘手，仿佛要融入手中的感觉。其细嫩的手感，无比"温润"令人舒坦，其它任何石都摸不出如此舒爽的快感。

这么说有人或许会质疑，觉得玄虚神秘，其实只要用心感受，久而久之自会领略个中的奥妙。行家鉴定田黄石时要反复抚摸，品味的就是有无这种特殊的快感。有行家说甚至可以闭着眼睛从几颗石中把田黄石摸出来，此语虽有些夸张，但也说明了手感是辨识田黄石的重要手段之一。

灵性主要指透明度。过于透明而肌理又无丝纹的石材，如清水淡而无味，缺乏韵味。田黄石微透明，有萝卜丝纹，红筋或隐或现，细细品赏饶有情趣。凡田黄石无论透明度强弱，以强光反照皆会通体透亮，并泛灿烂红光，如熟透的柿子，福州方言称之"烘烘光"——犹如在炉火上烘烤得又红又亮的意思，这是田黄石的共同特点之一。

双螭·逸凡 作
田黄冻石　23.5克

染色假田黄石，表层石质较松，
色泽火气较大显得不够自然沉稳。

色泽：

　　田黄石以黄色为主基调，还有白色、红色、黑色、灰色、绿色等，
但无论何种颜色都会带有"黄味"，这是田黄石色泽的共性。其色调较
浓者，人们称之比较"熟"，或比较"老"，外浓内淡者则谓之没有"熟
透"。田黄石色泽的最大特点是它带有一种温和柔丽的光泽，毫无"火气"，
行家之所以一眼就能感觉是否田黄石，观察的就是石头上有没有这种特
殊光泽。有人说"田黄石会抛媚眼"，听起来似乎很玄，其实也有一定
的道理。田黄石炉火纯青的色泽确实与众不同。鲜而不俗，稳而不浊，
不浮不沉，绝非其它坑石或伪石可仿。

山水薄意　郑世斌 作

黑田石（左）银裹金田黄石（右）

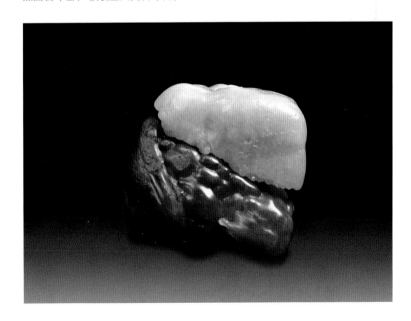

这是两块游离的分体，一半是黑田，另一半则裹着白色石皮，分别雕饰薄意后拼在一起。甚为有趣，十分稀奇。

人造乌鸦皮色泽单纯，色界明显，
黑如漆，易于识别。

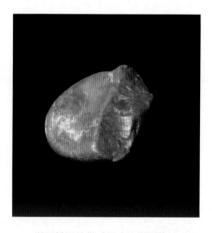

以石粉调胶做成假皮的假田黄石

石皮：

从高山母体分离之初，田黄石的坯胎是没有石皮的，但在溪流，尤其在土壤里，度过了漫长岁月后，田黄原生石受周边土壤中所含的各种元素侵蚀，其外表发生了物理变化，形成了与其内部形态迥异的石皮。被发现于黄色土下的田黄石多披黄皮，被发现于溪滩白沙层的田黄石多生白皮，而从淤泥土里挖到的田黄石则近墨者黑，多披黑皮（即乌鸦皮和蛤蟆皮）。带石皮的田黄石主要出于中坂水田之下。石皮的形成与周围环境关系密切。有些田黄石先在黄土地里生成了黄皮后，又因山洪或地壳运动的原因滚动到黑泥土或白沙层掩埋，就会再次生成黑皮或白皮。同理，如果先在黑泥土或白沙层挂上黑皮或白皮的，滚动到黄土地后，也会形成双层甚至三层皮——大自然造物，无奇不有。因为石皮是田黄石的主要特征之一，所以造假者常利用这一特点制造假石皮，假石皮或用石粉附胶，或以树脂造假，劣迹明显，容易辨别。现在有人取高山石用药水煮，使其外层泛白或泛黄，充当石皮。购买时应用放大镜观察或用刀削刮，石粉附胶质韧，树脂更不用说，染色与药水煮的石质会变松，所以一经削刮，"李鬼"便原形毕露，自能辨别。其他独石或石种也时有石皮，但质地与色泽与田黄石不同，易于区别。

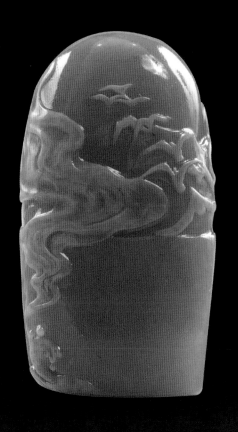

旭日东升薄意章

黄皮田黄冻石　80克

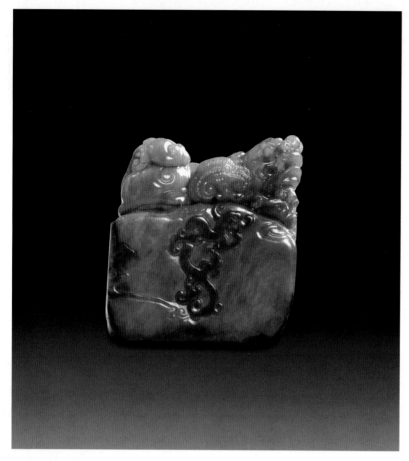

太师得福钮随形章 · 郭祥忍 作
乌鸦皮田黄石　　272 克

　　石农说坑头溪源头流出的水是苦涩的，不能饮用，因为水中含有酸性元素，田黄石经年浸淫于溪水之下，酸性的水质与周围土壤之元素发生反应，于是催生了石皮。石皮在古人眼里被视为杂质，并不重视，多去掉，所以旧品之田黄石少见皮。现在田黄石价值昂贵，因此艺人或利用石皮雕饰，或刻意留下石皮，作为田黄的一大特征以佐证其真实的高贵身份，亦可见今人的自信心不足。

　　笔者从海外回流的多件薄意作品中发现一种有趣现象：艺人施留皮法雕饰的薄意作品中，石皮与肌理的层次已经处理分明了，而随着时间的推移，田黄石本身的物理反应还在继续，致使原本清晰的景物边缘又生出皮意来。所以说"田黄石的皮是有生命力的"，此话并非戏言。

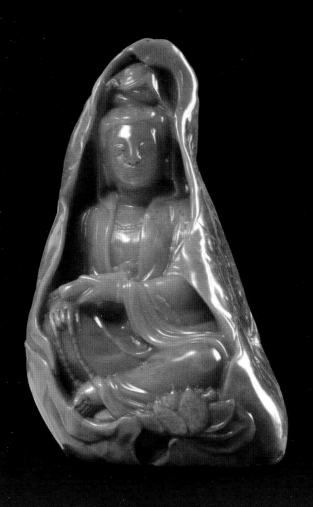

持经观音 · 王祖光 作
田黄石　88.2 克

笑问客从何处来·郑世斌 作
黄皮田黄石　152 克

经雕刻的田黄石，无论多久没有把玩，只要在鼻翼之侧蹭上几下，马上就会油光发亮，这油光让人感到是从石之肌理溢出来的，其它坑石虽在鼻翼旁蹭也会油亮起来，但光只停留在外表，与田黄石比有明显区别。

总之，品赏田黄石首求质佳，次求色美，再求材巨、形好。材质以大、方、高为上。早年的秤俗名"小秤"，一斤为 16 小两，一小两约 32 克。所以前人认为上两之田黄石方可上手的概念应该是 32 克。爱石者愈众而石材愈少，如今人们视半大两即 25 克者已为成材。

鉴别田黄石，应从形状、色泽、石皮、萝卜丝纹、红筋格、质地、手感等诸方面入手，仔细观察，并最好请教行家里手过目，多听行家的意见。好石者多见田黄石的雕刻成品，少见原石，必须多看原石，常上寿山矿区走走，才能提高鉴别田黄石的能力。

第五节

易与田黄石混淆的品种

鹿目田原石

寿山的一些其它石种乍看与田黄石相似，当地人也以"田"称之，如"鲎箕田""鹿目田""蛇匏田""碓下田""金狮峰田"等。

鹿目独石

此石间有红色，且棱角明显，与田黄石有明显区别。

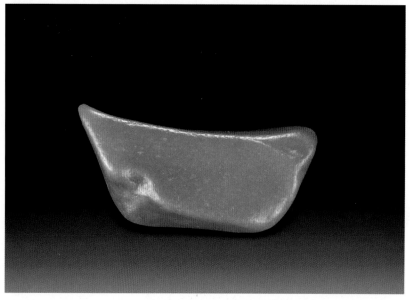

鹿目独石

此石质地细嫩，但肌理有白点，俗称"虱卵"。凹处附着有石皮。

鹿目独石：

出产于都成坑北侧山麓，也是埋藏在砂土中的独石，黄色居多，亦有色皮，质地细、微透明，无丝纹，石中常有红色透出，质佳者人称"鹿目田石"。鹿目石产地因无水，其石皮为附着性的，刀感松软，不似田黄石的裹皮是水溶解土壤中的物质元素后产生的氧化物层。而且鹿目独石肌内无丝纹、透红色，与田黄石有别。

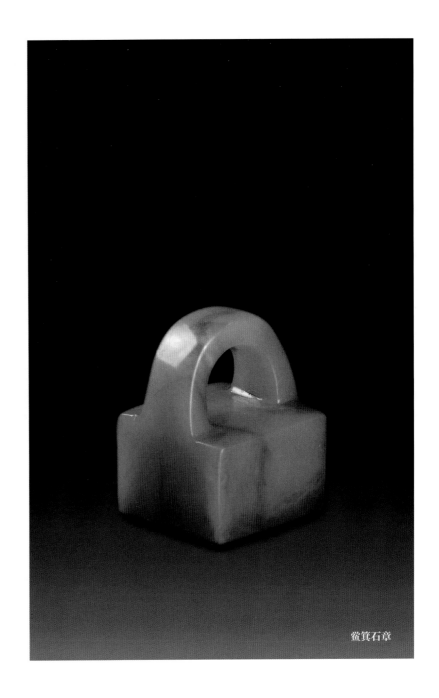

鲎箕石章

鲎箕石：

出产于高山西北芹石村山坡中，也属于山坑的掘性高山石的独石，多不呈卵型，质地比较细嫩，肌理丝纹较粗且多呈直线状，质美者与田黄石相似，故有"鲎箕田"之称。早年石贾常以此石冒充田黄石贩售，鲎箕石因埋藏之处无水，石性燥松，须油养，否则干涩少光泽，与田黄石石质相差甚远。

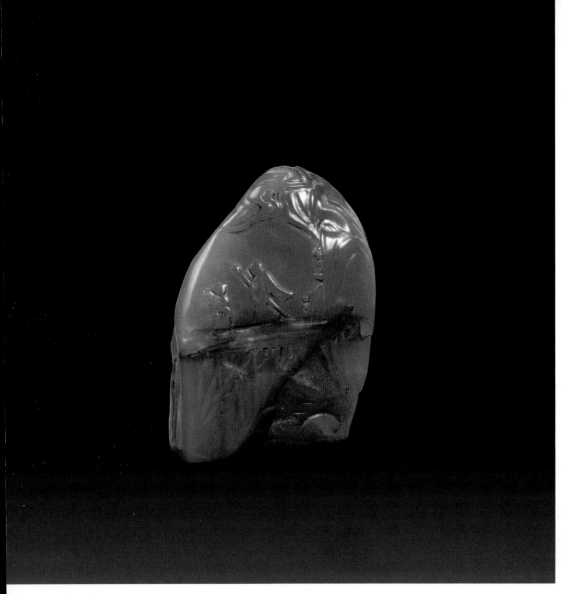

抱琴访友 · 逸凡 作
掘性独石

渔歌入浦深·林清卿 作
掘性都成坑石

掘性独石：

"掘性高山石"和"掘性都成坑石"这类掘性石，因同属冲击砂矿，肌理隐显萝卜丝纹，这与田黄石有相似点。但掘性石皆埋藏于山坡砂土深处，地层干燥，石表面铁质的酸化程度远不及田黄，而且掘性高山石质细且松软，掘性都成坑石则质结且坚硬，终逊于田黄石之温润。还有"掘性坑头石"，虽产于田坑之上游山麓，质似田黄，亦具丝纹和红筋，但细察之，丝纹多呈棉絮状，与萝卜丝纹有别，肌理还有常白点晕起，俗称"虱卵"，可以辨别。

坑头田石

坑头田石：

寿山溪上游的源头出产的坑头独石，质佳者人称"坑头田"。外形一般棱角明显，石中格纹较多，质地一般较通透。有絮状丝纹，与田黄石的萝卜丝纹不同。

谈古论今
坑头田石

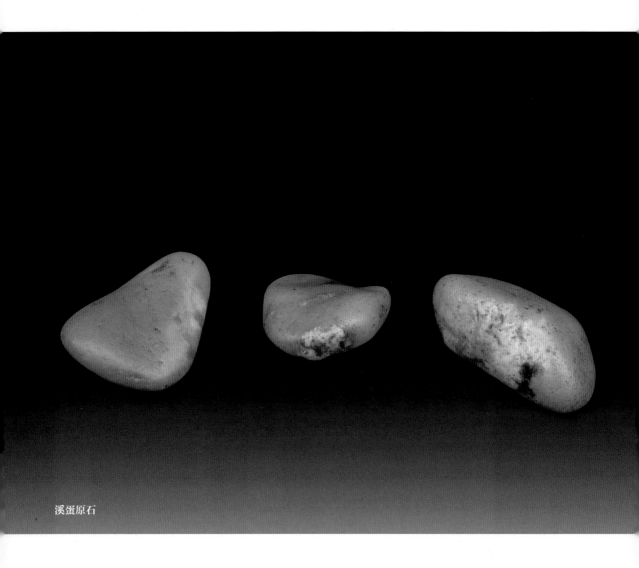

溪蛋原石

溪蛋石：

　　溪蛋石产于月洋溪，外观略似田黄石，亦有受溪流冲刷滚动之痕迹，但少皮。稍往内用刀即泛白，无萝卜丝纹，肌理常有黄砂团，溪蛋石属加良山芙蓉石性，以叶腊石为主要成分，与田黄石之地开石成分有本质之别。

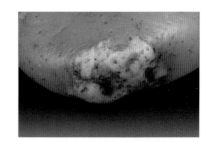

黄砂团

春江图薄意 · 黄敏作
金狮峰独石
金狮峰独石中有明显的白点，
俗称"虱子卵"。

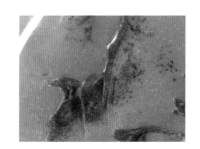

石中细密的白点即"虱子卵"

金狮峰独石：

产于高山东北面约三公里的金狮公山，此处所出独石均裹有黑色石皮，似田黄石外挂之乌鸦皮，但更加乌黑，色层密厚，肌理不大通透，无萝卜丝纹，且含杂质砂点较多，亦有金属细砂隐现，肌理与皮质均偏硬，温润感极差，易于辨认。

因连江黄石干燥易裂，所以石中多细裂格，多者似蜘蛛网密布石中。

连江黄原石

连江黄石：

　　产于高山东面的金山顶，因地界临近连江县，且色多藤黄或土黄，故称"连江黄石"。该石质地硬脆、干燥、多裂纹，如用油浸，裂纹会暂时消失，色则转黝，肌理隐现不规则的网纹，或多条直层纹，俗称"九重粿纹"，通灵有纹者，乍看颇似田黄石，故石谚称"连江黄假田黄，骗歇仔，卖柏场"。（福州方言，"歇"即"蠢"，"卖柏场"即"不知道"之意）。此石一到北方即变干出现裂纹，故京都一带称其"干黄"，易于辨认。

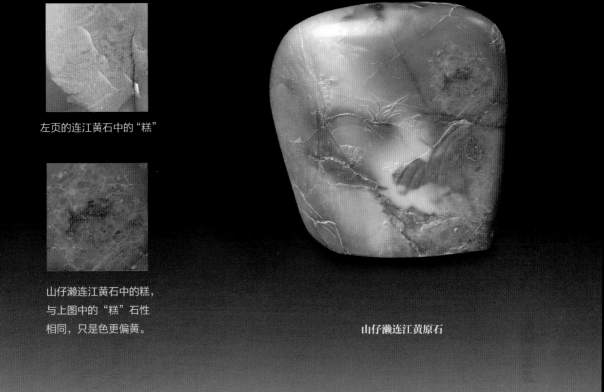

左页的连江黄石中的"糕"

山仔濑连江黄石中的糕，与上图中的"糕"石性相同，只是色更偏黄。

山仔濑连江黄原石

山仔濑连江黄石：

此石产于连江黄产地的半山腰，靠近山仔濑的区域，所以称为"山仔濑连江黄"。其特征是色多黄白相间，而连江黄以黄为主，白色少见。

连江黄原石

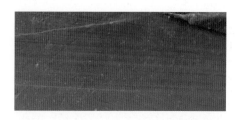

这些直层纹即俗称的"九重粿纹"

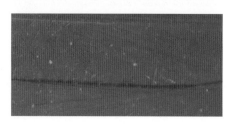

石中的白点即俗称的"虱子卵"

劲节·逸凡 作
黄白荔枝洞石

荔枝洞石：

高山石中有萝卜丝纹之黄冻石，以荔枝洞石最近田黄石，此类石与田黄石"同宗同祖"，但无在溪水中历炼的经历，所以都欠"温润"。以荔枝洞石为例，通灵有过，凝腻不足，娇艳过之，沉稳不足；萝卜丝纹之排列亦无田黄石之细密均匀。皆因未经"水"之考验，山石之气重也。仔细辨识可以分别。

鳌鱼 碓下田石

碓下田石：

产于碓下附近，石质硬而涩，不甚透明，无萝卜丝纹。肌理多含虱卵状白色点，色似连江黄石，虽属掘性，但无温润之感，与田黄石迥异，易于辨别。

碓下田石的黄皮

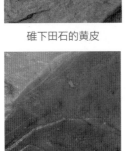

碓下田石的特征性白点

碓下田原石

龟钮　碓下田石

　　此石属碓下田石中质地佳者，然其石质仍显硬、涩，与田黄石不可相提并论。

牧归　老挝黄石

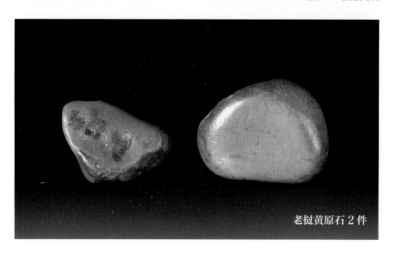

老挝黄原石 2 件

老挝黄石：

　　产于老挝的黄色独石。其石皮是附着型的，与鹿目石的成因相同，而田黄石的石皮是氧化型。质地较松、有玻璃光，不似田黄之温润、内敛。

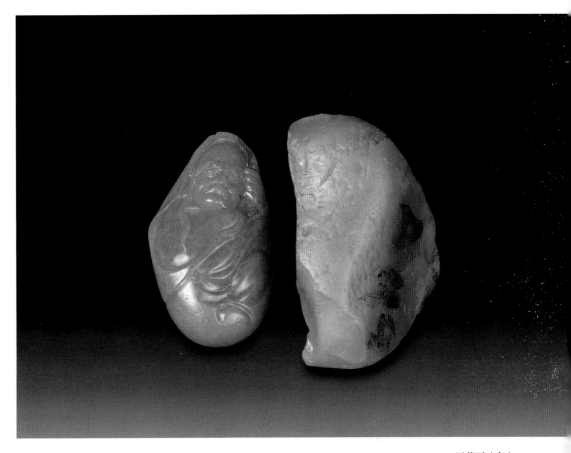

田黄石（左）
老挝黄石（右）

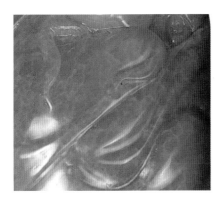

田黄石的萝卜丝纹

　　田黄石的萝卜丝纹明显，而老挝黄石没有；田黄石色浓黄，质温润，而老挝黄石的肌理色泽多偏浅，质较松、涩。

昌化独石

昌化黄石：

近年浙江昌化玉山发现一种黄色的独石，有人将其称为浙江田黄石，简称"浙江田"，极似鹿目独石。质坚，形多棱角，色泽外层黄，肌理泛白，内多含硬砂粒。因其黄皮是山土附着的，所以其石凡皮厚处，肌理多含砂粒。与田黄石相比，浙江黄石嫩腻不足，且无萝卜丝纹。

古兽章
昌化黄石

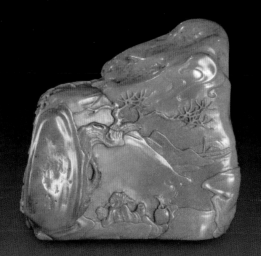

对酒当歌 · 刘文伯 作
昌化黄石

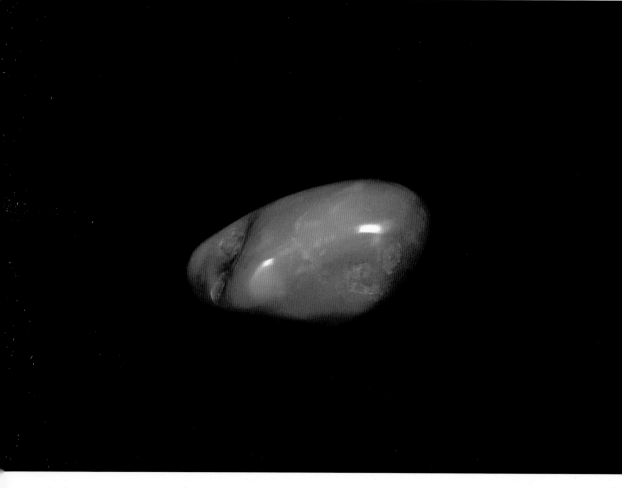

蛇匏原石

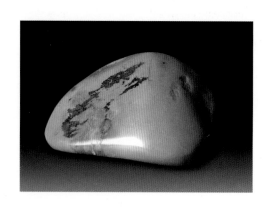

蛇匏石：

属掘性独石，产于都成山旁，质地近似都成坑石，肌理多呈灰白色，微透明，乍看似白田黄石，然无灵性，石中多混有色点。黄色不常见，属稀品，似田黄石，但"山坑味"重，欠温润，远不及田黄石。

第六节

田黄石的名称由来

　　清·施鸿宝《寿山石印章》："最上田坑，以黄为贵，近世所称田黄也。"闽人言，其初第为名人取作碌碡等器，明末时有担谷入城者，以黄石压一边，曹节愍公见而奇之，遂著于时。曹节愍公即曹学佺，明末清初人，曾官至礼部尚书。因得罪蜀王而被贬回福州。回乡后，曹学佺与朋友们组织"儒林班"剧社往来唱和，是福州闽剧的创始人之一。一天，曹学佺在一个农夫的谷担中看到一块用来平衡另一头谷子重量的石头，看上去温润可爱，喜爱金石书画的他便出钱将其买下。据说曹学佺对此石头愈看愈爱，觉得和石头相比，出的价实在太低，于是他又重新找到农夫，从口袋里掏出一把铜钱交给农夫，并请教农夫石头是从哪里得到的。农夫说他是寿山村的人，石头是他在寿山村的田里捡来的。曹学佺看着石头色泽润黄，而且没有棱角，像蛋黄一样，于是就将这块石头命名为"田黄石"。此后"田黄石"的盛名渐渐广为传播。

喜上眉梢 · 林文举 作
田黄石　107.7 克

田黄石的保养

　　田黄石温润细腻，收藏者得到的田黄石基本上都是雕饰后经过精细磨光的作品，已经十分脂润，最适宜经常把玩摩挲。把玩时在脸上和鼻翼两边蹭几下效果最好，既舒心惬意，又能养颜，而田黄石得人气的沁入后会更加温润，色泽与质地亦愈加光亮精美。久之表层会罩上"包浆"，古气盎然。如果暂时存放起来，可薄涂上一层婴儿油加以保护，防止干燥即可，不必上蜡或浸在油中。

第七节

田黄石的文化内涵与市场价值

常有朋友问，田黄石为何如此昂贵，今后还会有升值的空间吗？这几年田黄石市场的走向已经给出了答案。田黄石无价，田黄石的价值因石而异，因工而异。所以有人说："收藏一件田黄石，便是一个资产的'保险箱'"。那么究竟是什么原因使田黄石的价格一路走高呢？笔者以为有以下几个原因。

其一，稀罕难得

全世界唯有寿山村一条小溪的流域底下、面积不过一平方公里的区域，零星地埋藏着这种宝石，十分稀罕难得。历经数百年的采掘，日趋稀少，品质上乘的大田黄石更为稀世瑰宝。既谓"物以稀为贵"，资源匮乏，价格自然水涨船高。

其二，天生丽质

田黄石温润细腻，色泽瑰丽，微透明，萝卜丝纹隐现，肌理能发出毫光，手感尤佳，仅石材就显得雍容高贵，入目令人心动，爱不释手。

其三，艺术魅力

田黄石珍贵，所以其雕刻者多为名师高手，因此上品田黄石的刻工都十分精美，具有很强的艺术魅力，是一种天人合一的可遇不可求的特殊艺术珍品。不可能有两件同样重量、同样形状、同样色相、同样题材的田黄作品，因此可以说每一件都是孤品。

其四，历史沉淀

福州寿山田黄石包含了"福、寿、田"三字，有万福、万寿、万代江山的寓意，面对如此晶莹温润又有如此吉祥寓意的"田黄石"，高高在上的皇帝们自然喜爱。清代皇帝从康熙、雍正、乾隆直至嘉庆，对田黄石都有特殊的感情，乾隆帝不仅拥有许多田黄石印章，更因为喜欢其"福、寿、田"的寓意，祭天时还将田黄石置于供案之上，率百官祭拜，自此田黄石被尊为"石中之王"，身价陡增。不仅皇族和达官贵人将其视为珍宝，民间收藏家亦以拥有田黄石为荣，田黄石名声愈发卓著。清代名士郑洛英诗云："别有连城价，此石名田黄。"田黄石之所以珍贵，与其具有久远的历史渊源和丰厚的文化沉淀作为支撑密不可分。

其五，文人推崇

中国文人历来崇尚清高，"贵石而贱玉"。白玉、翡翠有许多可供赏玩的艺术品，但无论权贵阶层如何赞美，都不能得到文人雅士的足够认同，而同样珍贵的田黄石却能让文士倾心垂爱，备加推崇。田黄石是中国历史上少数能得到权贵与文人双重认可的玩赏性艺术品之一。

其六，保值升值

中国人历来看重黄金，认为黄金是富贵与价值的象征。而田黄石早就与黄金比价，从清初"一两田黄一两金"，到清末逐渐变成"一两田黄三两金"、"黄金有价田无价"。现在，已很难说得清一两田黄石值多少两黄金了，黄金价格受国际市场的影响时常起起落落；而从 1980 年有人以 13.999 元买了一颗 121.5 克的田黄石起，海内外就掀起了"田黄热"，田黄石的价格就一路飚升，高潮迭起，国内外艺术品拍卖市场更是频频出现田黄石的高贵身影。2006 年香港苏富比秋季拍卖会拍一件清代杨玉璇所刻的田黄石瑞狮镇纸，重仅 236 克，成交价高达 4176 万港元（当时一港元相当于一元多人民币），1 公克即超 17.6 万港币，被人称为天价。当然，其中有名家雕刻与文物价值的成分。2008 年 11 月北京嘉德国石珍宝寿山石专场拍卖会，九

金蟾献瑞 · 逸凡 作
田黄石　15 克

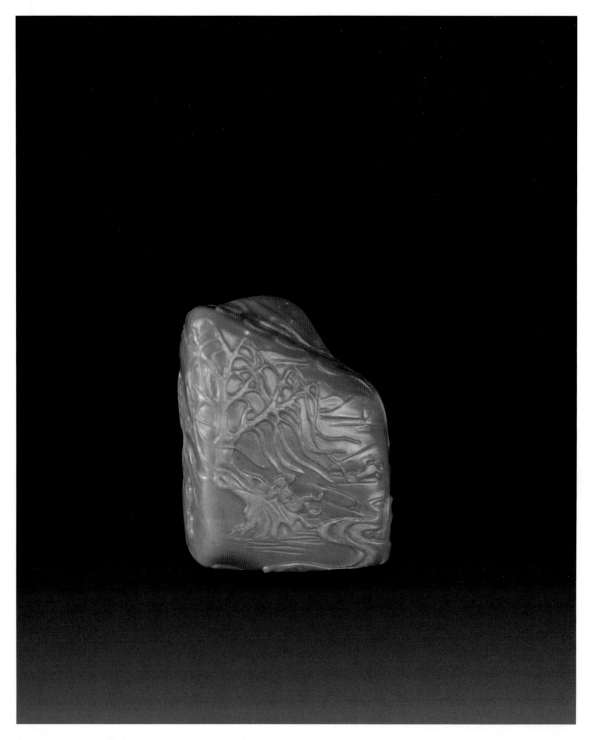

春牧图 · 白羽 作
田黄石　43.8 克

成多拍品落锤成交，其中有不少田黄石，成绩骄人，成为收藏界的一匹骠悍的黑马，格外受宠。在金融风暴肆虐全球之时，拍卖如此成功，堪称奇迹。"黄金易得，田黄难求"，所以有人说投资既可玩又能升值的田黄石最为保险。

田黄石的珍贵，还有诸如驱灾避邪、益寿延年等等许多原因，这些都为田黄石增添了神秘的色彩。有幸拥有一方自己心仪的田黄石是一种福分。评估田黄石的价值，不能简单地以重量计价。重量相同、形状相似的田黄石，因质地等级的差异以及刻工的优劣，其价值有可能相差几倍甚至几十倍。所以评估一颗田黄石的价值，要审视这颗田黄石的品质、色泽、重量与刻工等这些综合因素。如果是旧品还要视其有无流传历史与文物价值。

田黄石的作品造型分为章形与自然形两种，一般来说章形作品难得，而章形中又以六方章为最，前面说过田黄石如同珠宝，石料本身就具有很高的价值，历来被人惜石如金，一般从不轻易切除。切成方章的风险很大，需下很大决心：一是要切掉许多重量（要解成一方六面平方章，原石最少要比切成的章体重三倍以上）；二是表里如一者少，有人借用李白诗词说："方章者，如蜀道也，其难难于上青天。"可见方章的不易，因此方章的价值高无可非议。

自然形作品讲究的是依石造形，以工配石，这样既能保留其天然形态，又能较少地减掉重量，同时亦能体现天然意趣与人工意境之结合。

收藏者可根据自身的经济能力、爱好，选择适合自己品味的田黄石作品。无论圆雕、薄意、印钮，只要喜欢就都有收藏价值。

田黄石是天然资源，不可再生，产区新出之石稀有，今后将以传世现品为主要流通品，寻求者众，僧多粥少，田黄石不断升值势在必然。貌不惊人的田黄石，让人有一夜暴富的激情。

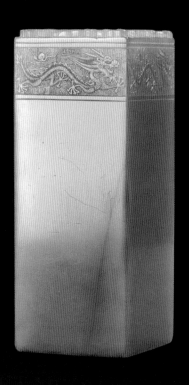

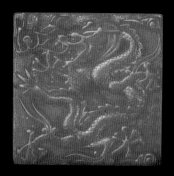

五龙 · 周彬（清）作
田黄石　106 克

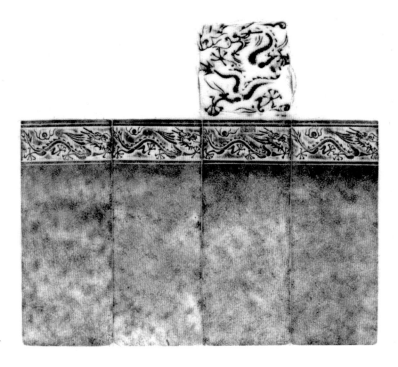

五龙·拓片

　　田黄石方章已经是可遇不可求之尤物，那么田黄石六面平方章自然更是田黄石章家族中难得之材，属于凤毛麟角之品。此方五龙博古锦饰六面平田黄石方章，方正平整，规矩有度，气度不凡。肌理隐现大萝卜丝纹明晰可辨，石质温润可爱，乃田黄石方章中之上品也。方章通体包浆，发出显示其年代久远的毫光。章底篆朱文"话雨楼"，印章与篆刻底结合，从而形成了真正意义上的印章艺术。

　　附：周彬字尚均，清康熙年间人，籍贯福建漳州。擅长印钮雕刻，风格华茂玲珑、古朴精美，刀法细致稳健、流畅儒雅，向为艺界所器重，其刻制之钮被称作"尚均钮"。民间传闻，康熙年间尚均曾被招为"御工"。北京故宫博物馆收藏有他的大量遗作，但不见其他原始文载，无可证实。

踏雪寻梅 · 林东 作
田黄石　83克

千载之寿薄意 · 石秀 作

田黄石　92 克

福禄寿·王祖光 作
田黄石 54.5 克

柳燕春风薄意 · 逸凡 作
田黄石　127.5 克

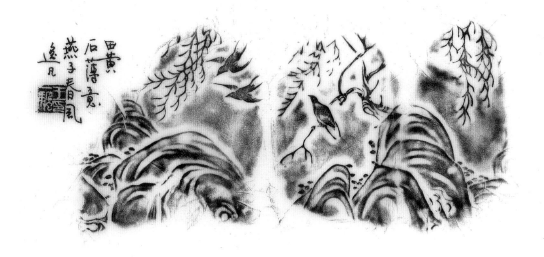

伏狮罗汉

田黄石　86 克

君子节 · 逸凡 作
田黄石　593 克

竹报平安 · 郑幼林 作
田黄石　116克

荷塘月色 · 石秀 作
田黄石

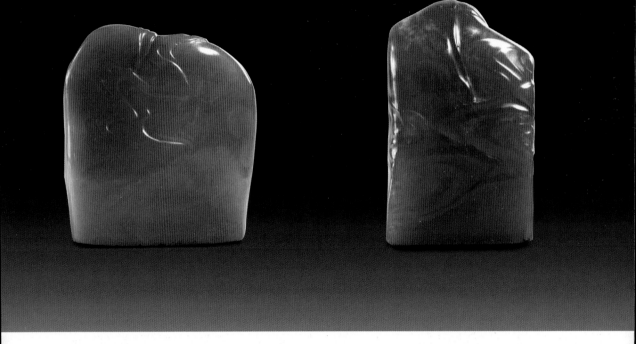

云头薄意钮椭圆章 · 佚名 作
田黄石　74 克

云头薄意钮 · 佚名 作
田黄石　41.5 克

老子出关 · 石秀 作

田黄石　32 克

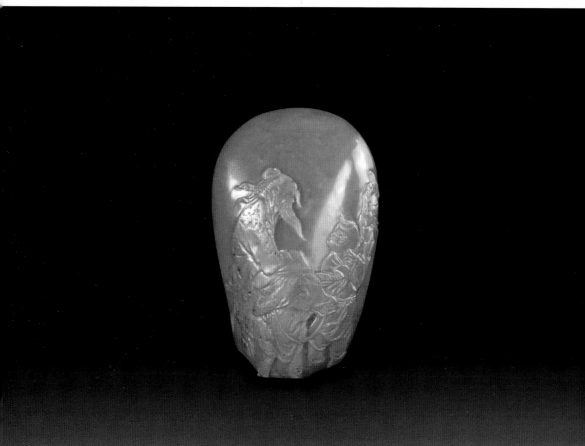

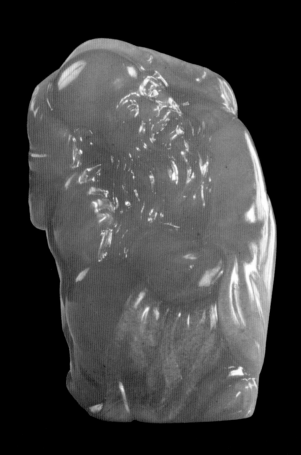

寿星·叶子贤 作
银裹金田黄石　28克

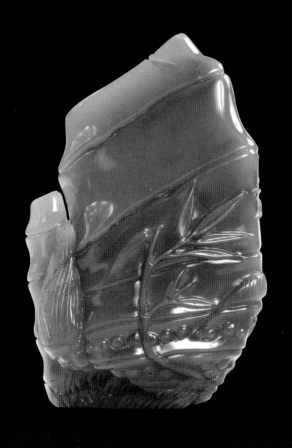

节节高·逸凡 作

田黄石　128.2 克

香山九老·江依霖 作

田黄石　173 克

夔龙螭钮扁方章 · 佚名 作

银裹金田黄石 36.8 克

古兽钮·旧工
田黄冻石　29.1克

群螭拱钱钮方章·石秀 作

田黄石　30.1 克

人物薄意 · 郭紫阳 作

乌鸦皮田黄石

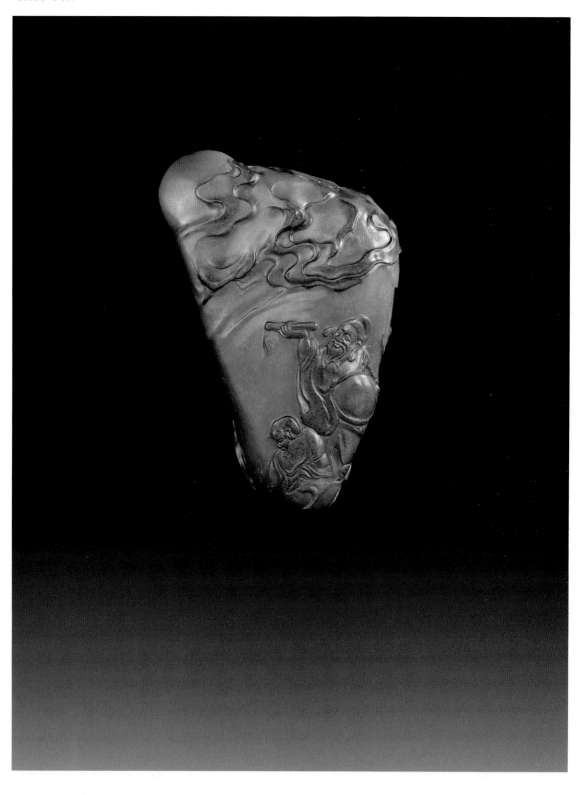

人物薄意 · 郑世斌 作
田黄石

弥勒·郑幼林 作
田黄石　44 克

秋菊傲霜 · 佚名 作
田黄石　35.5 克

第八节

田坑之牛蛋石

　　牛蛋石分为洞石与溪石两种。洞石产于高山对面的旗山南麓马头岗一带，开采出时都独立成形，大小不一。洞下方即大洋溪，滚落溪中的牛蛋石随溪流汇入寿山溪中，成了溪石。早年当地村民耕田时铁犁头常常会被这种石头撞坏，他们便会很生气地将它挖出扔向田边，因为此种石是在牛屁股后面的地面发现的，所以村民说是牛生下的蛋，于是有了"牛蛋石"的名称。牛蛋石质地粗糙不通灵，没有萝卜丝纹，石色以黄与红居多，溪中牛蛋石多呈圆形或扁圆形，有黑皮、白皮、黄皮，偶尔也有双重皮。皮层皆厚且质粗，对少量质地特别细腻者有人美其名曰"牛蛋田石"，牛蛋石与田黄石虽同属"田坑"之类，但与田黄石有明显区别。

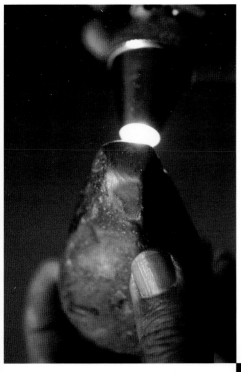

牛蛋石用强光灯照完全不通透

牛蛋原石

螭虎

优质牛蛋石

此石质地较细腻，属于牛蛋石中质优者。

冬笋蛾 · 逸凡 作
牛蛋石

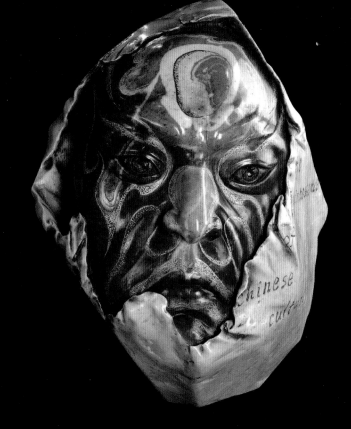

国粹·阿雷 作
牛蛋石